彩图版
果树整形修剪
七日通丛书

彩图版 葡萄

整形修剪

七日通

魏志峰 刘崇怀 ◎ 主编

中国农业出版社

北 京

目　录

彩图版葡萄整形修剪七日通

葡萄整形修剪的基础知识

一、整形修剪的内涵

葡萄是藤本植物，茎蔓柔软，必须设立支架，以达到高产、稳产、优质的栽培目的。适宜的架式、良好的树形、合理的修剪可以减少枝叶的养分消耗，保证果实的产量及品质。

修剪：通过短截、疏枝、抹芽、摘心等一系列操作，使葡萄植株保持合理的枝量和良好枝组结构的过程称为整形。

整形：通过修剪、绑缚等操作，按架面培养一定结构的树形，使其形成牢固的主侧蔓骨架和布满架面的结果枝组的过程称为整形。

整形和修剪是决定葡萄栽培方式的重要方面。一定的架式，要求一定的整形方式，一定的整形方式又要求一定的修剪方法。通过合理的整形修剪，可以调节生长和结果的关系，调节树体营养、水分的供应及光照条件，达到连年优质、丰产、高效的目的。

二、整形修剪的意义

一是整形修剪是葡萄栽培中的一项重要措施，人为地对葡萄植株进行科学诱导，以调节生长与结果，衰老与更新的矛盾，建立相对平衡的统一关系（图1-1）。合理的修剪既能保证良好的生长，又能早结果，结好果；既能延长果树的结果年限，又能更新复壮延迟衰老。

图1-1　整形修剪合理的果园

图1-2　夏季摘心

二是整形修剪能调节果树水分和养分的运转，提高生理活性，使营养生长向生殖生长转化（图1-2）。

三是改善通风透光条件，加强同化作用，减少病害发生。整形修剪可以改变枝条方向，疏除多余的枝条，使新梢在架面上分布均匀，充分利用空间，改善光照条件，增强光合效能（图1-3）。

图1-3　通风透光良好的果园

三、整形修剪的作用

葡萄在自然生长的情况下，地上部与地下部保持着一个相对稳定的平衡关系；修剪之后这种平衡关系被打破，从而引起地上部与根系，整体与局部之间的关系发生变化，重新建立新的平衡关系。

（一）修剪对果树有双重作用

修剪一方面对果树有促进枝条生长、多分枝、长旺枝的局部促进作用；另一方面对果树整体则具有减少枝叶量、减少生长量的抑制作用。这种促进作用和抑制作用同时在树体上的表现，称为修剪的双重作用。从局部来看，只是去掉了一个枝条，剪口第一芽生长旺盛；但从整体来看，则对整个树体和根系的生长有抑制作用（图1-4）。

图1-4　夏季修剪后果树生长状

（二）调节结果量，保证优质丰产

通过整形修剪来决定产量的高低。若产量过高（图1-5），超过了自身的负载能力，既影响果实品质，又影响当年的花芽分化和枝条成熟度，不利于翌年的结果与生长。

图1-5　产量过高的果园

（三）整形修剪的目的是培养合理的树体结构

四季进行修剪，对树体加以调整和维护，保持合理的树体结构（图1-6），连年丰产，高产优质。

图1-6　合理的树体结构

四、整形修剪的依据

（一）葡萄园的立地条件

立地条件不同，生长和结果的表现也不一样。在土质瘠薄的山地（图1-7）、丘陵或沙滩地，因土层较薄、土质较差、肥力较低，葡萄枝蔓的年生长量普遍偏小，长势普遍偏弱，枝蔓数量也少。这些葡萄园，除应加强肥水综合管理外，修剪时应注意少疏多截，修剪量可适当偏重，产量也不宜过高；在土层较厚、土质肥沃、地势平坦、肥水充足的葡萄园（图1-8、图1-9），枝蔓的年

生长量大、枝蔓多、长势旺、发育健壮，修剪时可适当多疏枝、少短截，修剪量宜适当轻些。

图1-7　贵州三都山地栽培葡萄

图1-8　设施栽培葡萄

图1-9　北方露地栽培葡萄

（二）依据栽植方式和密度

葡萄园的架式和栽植密度不同，修剪方法也不一样。棚架栽培葡萄（图1-10），定干宜高；篱架栽培葡萄（图1-11），定干宜低。冬季需下架埋土防寒（图1-12），为方便埋土，葡萄可倾斜栽植。

图 1-10　棚架栽培葡萄

图 1-11　篱架栽培葡萄

图 1-12　新疆"厂"字形埋土防寒栽培葡萄

（三）依据管理技术水平，整形修剪

对于管理水平不高、肥水供应不足、树势不旺、枝蔓数量不多的葡萄园，冬季修剪时，要少留枝蔓、果穗，以培养树势为主（图1-13）。

图1-13　树势弱的葡萄植株冬季修剪

（四）依据品种、种群特性整形修剪

修剪时应根据不同种群和品种的生长结果习性，以及不同架式，采取不同的修剪方式（图1-14、图1-15）。

图1-14　搭V形架种植的阳光玫瑰葡萄

图1-15　采用H树形24米株距的夏黑葡萄

（五）依据树龄和树势

葡萄的树龄不同，枝蔓的长势强弱也不一样。幼龄期至初果期（图1-16），一般长势偏旺；进入盛果期后，长势逐渐由旺而转为中庸（图1-17）；进入衰老期后，则长势日渐变弱。修剪时应根据这一变化规律，对幼树和初果期树，适当轻剪，多留枝蔓，促进快长、及早结果；对盛果期树，修剪量宜适当加重，维持优质、稳产；对衰老树，宜适当重剪，更新复壮（图1-18）。

图1-16　一年生阳光玫瑰生长状

图1-17　二年生夏黑结果状

图1-18　衰老树的冬季修剪

五、整形修剪的时期

葡萄整形修剪分为夏季整形修剪和冬季整形修剪。

夏季整形修剪：一般在萌芽后至落叶前进行，主要包括抹芽定枝、新梢绑缚（图1-19）、副梢摘心及疏果管理（图1-20）等。

图1-19　新梢绑缚

图1-20　疏果管理

冬季整形修剪：一般在自然落叶后至翌年春季产生伤流前30天进行，葡萄冬季的修剪量最大，去掉的枝条最多（图1-21）。包括短截、疏剪、缩剪等。

图1-21　葡萄冬季整形修剪

葡萄的物候期

葡萄整形修剪通常是按照葡萄植株所处的物候期进行操作，因此任何从事葡萄生产和管理的人员必须能够准确判定出葡萄植株所处的物候期，从而使自己的管理有的放矢。

葡萄与其他果树一样有一定的生长发育规律，其年周期随着气候变化而有节奏地通过生长期与休眠期，完成年周期发育。在生长期中进行萌芽、生长、开花、结果等一系列的生命活动，这种活动的各个时期称为物候期。一般分为以下八个阶段。

一、树液流动期

此期是从春季树液流动到萌芽。当地温达到 4 ～ 9℃ 时（因品种不同），葡萄根系即开始进入活动状态，将大量的营养物质向地上部输送，供给葡萄发芽之用。由于葡萄茎部组织疏松、导管粗大、树液流动旺盛，若植株上有伤口，则树液会从伤口处流出体外，称为伤流（图2-1）。伤流中含有葡萄生长发育所需要的营养物质，过多的流失会对树体生长不利。为减少伤流发生，冬季

图2-1　伤　流

修剪应在落叶后15天开始，伤流前30天截止，以利于剪口愈合，减少伤流量。

二、萌芽期

从萌芽到开始展叶称萌芽期（图2-2）。在日平均气温10℃以上时，根系吸入的营养物质进入芽的生长点，引起细胞分裂，花序原始体继续分化，使芽眼膨大和伸长。

图2-2 萌芽期

三、新梢生长期

从萌芽展叶到新梢停止生长称为新梢生长期（图2-3）。当日平均气温升高到20℃时，新梢生长快速。一般情况下，主梢的长度在开始见花时已经达到年生长总量的60%以上。在新梢生长初期，完全依靠植株体内贮藏的营养物质，当叶片发育完整时，新梢生长的营养才开始依靠叶片光合作用所制造的养分，随着叶片数量的不断增加，叶片对生长提供的营养比例也逐渐增加。如贮藏的养分不足，则新梢生长细弱，花序原始体分化不良，发育不全，形成带卷须的小花序。因此，营养条件良好，新梢生长健壮，对当年的产量、质量和翌年的花芽分化都起着决定性的作用。要在抹芽的基础上进行定枝，将多余的营养枝和副梢及时剪掉，防止消耗养分，同时要追施复合肥（以氮、钾为主）。

图2-3　新梢生长期

四、开花期

从始花到谢花为止称为开花期（图2-4、图2-5、图2-6）。开花期的早晚、时间长短，与当地气候条件和品种有关。气温高开花就早，花期也短，气温低或阴雨天多，开花迟，花期也随之延长。为了提高坐果率，花前或花后均应加强肥水管理。花前2～3天对结果枝及时摘心，控制营养，改善光照条件，可明显提高坐果率。

图2-4　始花期

图2-5　盛花期

图2-6　谢花期

五、果实生长发育期

　　从子房开始膨大到浆果开始着色前称为浆果生长期。该期较长，一般可延续60～100天。果实生长发育期分为发育前期、缓慢生长期和发育后期。发育前期也称快速生长期（图2-7、图

2-8），此期果实生长量占总生长量的60%左右。生长后期是指果实开始变软，而红色品种开始出现着色现象，也称转色期（图2-9），糖分积累显著提高。缓慢生长期是介于上述二者之间的时期，也称为硬核期或者封穗期，这个时期果实生长缓慢（图2-10）。在果实的生长发育期，新梢极性生长不断减弱，枝蔓不断增粗。

图2-7 幼果期

图2-8 果实膨大期

图2-9 转色期

图2-10 封穗期

葡萄果实坐稳后，对营养物质的需求逐渐增加。在快速膨大期，对养分的需求量最大。此时，需要增施肥料，以满足果实发育的需要。

六、浆果成熟期

浆果成熟期指从果实变软开始到果实完全成熟（图2-11）。浆果开始成熟时，果皮的叶绿素大量分解，黄绿色品种果皮由绿色变淡，逐渐转为乳黄色，紫红色品种果皮开始积累花青素，由浅变深，呈现本品种固有的颜色。随之，浆果软化而有弹性，果皮内的芳香物质也逐渐形成。随着果实的成熟，含酸量迅速降低，含糖量迅速增加，种子由黄褐色变成深褐色，即达到浆果完全成熟期。每个品种果实的成熟期，在不同年份、不同土壤气候条件下会产生一定差异：在坐果量大、肥水充足时，果实成熟期推迟；在果实成熟期，如果雨水较多，会降低果实品质。

图2-11　浆果成熟期

七、落叶期

浆果成熟至叶片黄化脱落止称为落叶期（图2-12）。浆果采收后，叶片光合作用仍在加速进行，将制造的营养物质由消耗转为积累，运往枝蔓和根部贮藏。这时花芽分化也在微弱进行，如树体营养充足时枝蔓充分成熟，花芽分化较好，可以提高越冬抗寒能力和下一年产量。

图2-12　落叶期

八、休眠期

从落叶到翌年树液开始流动称为休眠期（图2-13）。随着气温下降，叶片呈橙黄色，到叶片脱落，此时达到正常生理休眠期。但其生命活动还微弱地进行着。葡萄冬季要经过一段时间的低温期，第二年才会正常萌发。在南方一些葡萄产区，由于冬季低温积累不够，春季常常使用破眠剂帮助打破休眠促进发芽。

图 2-13　休眠期

葡萄夏季整形修剪

　　葡萄夏季整形修剪简称夏剪，是在冬季修剪的基础上，对留枝量进行最后的调整，这是决定葡萄浆果产量和品质的一项很重要的工作。夏季整形修剪可及时调整生长与结果关系，控制生长期间新梢的徒长，改善通风透光条件，减少病虫害，促进果穗和果实的充分发育，促进花芽分化，提高浆果质量，为当年和翌年结果创造良好条件。葡萄夏季整形修剪在萌芽后至落叶前进行，主要有以下步骤：

一、抹芽定梢

　　抹芽定梢是决定新梢选留数量的最后措施，是决定葡萄产量与品质的重要作业方式。由于冬季修剪较重，容易产生很多新梢，如果新梢过密，树体营养分散，单个枝条发育不良，常造成品质下降及当年花芽分化不良。通过抹芽定梢，可以根据生产目的有计划地选留新梢数量，从而保证了合理的叶面积系数，保证了枝条、果实的正常生长发育。

（一）抹芽的时期及方法

　　葡萄早春萌芽时，每个芽眼中除了主芽萌发外，大量的侧芽也会萌发，一个芽眼往往会长出 2 ～ 3 个新梢（图3-1），同时主蔓上的隐芽也会大量萌发。对于没有生长空间的萌芽应及早抹除。

　　抹芽一般分两次进行。第一次抹芽应在萌芽初期进行，对双生芽、三生芽及不该留梢部位的芽眼（图3-2），可一次性抹除。

第二次是在10天之后进行，抹除萌发较晚的弱芽、无生长空间的夹枝芽、部位不适当的不定芽。

图3-1　萌芽初期　　　　　　　　图3-2　去除上部弱芽

（二）定梢的时期及方法

定梢一般是在能看出花序和花序大小时进行（图3-3），根据定产要求进行，优先保留那些发育较好、着生花序且花序发育良好的新梢，去除位置不佳、新梢拥挤、没有着生花序的副梢。对于生长过旺、过弱的新梢（图3-4）均要去除，保留生长发育健壮的新梢。

这项工作是决定当年留枝密度的最后一项工作，决定着当年新梢的分布、结果枝数量的多少。通过定梢可以使枝条在空间上均匀、合理地分布，避免过密或过稀，使光照得到充分利用。可根据不同地区、不同品种、不同生产目的灵活掌握。定梢要兼顾到花序的选留，特别是对于一些结果性状不好的品种，这项工作显得更为重要。定枝还要兼顾到结果枝组的更新方法，作为选留的预备枝，为避免结果部位连年较快上移，尽可能选留下部的新梢。

图3-3　定梢时期　　　　　　　　图3-4　去除过弱的新梢

二、新梢绑缚

（一）绑缚的目的

根据不同的品种及栽培目标，在单位面积内要有一个合适的新梢数量。根据单位面积栽培的株数，将新梢数量分配到每株树。定梢后的新梢生长到一定长度时要及时进行绑缚，其目的一是为了防止被大风吹断，二是保证新梢能按要求在架面上均匀分布，合理利用空间，并能减少病虫害的发生。

（二）绑缚的方法及注意事项

按照确定的新梢间距，将其均匀固定。结果母枝的引缚应根据其在架面上的角度而定。结果母枝在架面上的开张角度有几种可能，其角度开张的大小，对生长发育会产生很大影响。垂直向上直立生长时，生长势较强，新梢徒长节间较长，不利于花芽分化和开花结果；向上倾斜生长时，树势中庸，枝条生长健壮，有利于花芽分化；水平时，有利于缓和树势，新梢发育均匀，利于

23

花芽形成；向下斜生时，生长势显著削弱，营养条件变差，既削弱了营养生长又抑制了生殖生长。结果母枝应采用垂直引缚或者倾斜引缚，而水平引缚有抑制生长的作用，利于生殖生长。生产上对于强枝来说，应加大开张角度，适当抑制其生长，使生长势逐渐变缓；对于弱枝，应缩小角度，促进生长。通过枝条选留的角度来适当调节生长势较强或较弱的品种，对促进合理生长具有一定的意义。

（三）绑缚的工具

生产上新梢常采用尼龙草、扎丝、绑蔓机及塑料绑扎扣绑缚。

1. 尼龙草　早期葡萄生产一般使用尼龙草作为绑缚材料（图3-5），采用猪蹄扣捆绑法固定到铁丝和架材上。在几种绑枝材料中，效率最低，但价格便宜。

图3-5　尼龙草绑缚

2. 扎丝　现在葡萄生产上较为常用的一种绑枝材料，既方便又省工。为防止扎丝在钢丝上滑动，扎丝的一端在钢丝上要固定牢固；另一端在钢丝上绑缚1～2圈，这样既能对新梢起到固定的作用，又便于冬季修剪去除枝条时方便操作（图3-6）。冬季修剪时，手推枝条，扎丝即从一端打开而保留在钢丝上，可来年再用，连续使用多年。效率仅次于绑蔓机。

图3-6　扎丝绑缚

3.绑蔓机　现在葡萄生产上正在推广一种快速绑蔓机（图3-7），该机械具有提高工效、减轻劳动强度、一机多用等优点，缺点是枝蔓捆绑的牢固度不够，易左右摆动（图3-8）。在几种绑枝方式中，效率最高，且新手也可熟练操作。

图3-7　绑蔓机绑缚

图3-8　绑蔓机绑缚效果

4. 塑料绑扎扣　生产上还有一种塑料绑扎扣（图3-9）在绑缚时有一定的应用，优点是固定牢靠、价格便宜；缺点是在枝条较细时，与枝条之间的缝隙较大，且对葡萄架上的钢丝粗度有一定要求，钢丝不能过粗，否则塑料绑扎扣较难卡上钢丝。效率低于扎丝。

图3-9　塑料绑扎扣绑缚

三、新梢摘心

（一）新梢摘心的作用

新梢摘心具有暂时抑制新梢营养生长，增加枝条粗度，促进花芽分化和枝条木质化的作用。尤其是对带有花序的结果枝在开花前进行摘心，具有促进花序生长发育和提高坐果率的作用。这项工作在落花落果严重的品种上显得更为重要。在果实膨大期对新梢摘心，可控制新梢过快生长，有效促进果实膨大。

对旺盛新梢提早摘心，短期内营养生长得到一定控制，摘心部位以下的芽会得到充分发育，可有效促进花芽分化，对第二年产量提高有重要作用。因此，在葡萄生产中，加强肥水管理，促进新梢健壮生长，然后对其提早摘心，是促进葡萄优质丰产的重要措施。

（二）新梢摘心的方法

摘心应在叶片面积在正常叶片的1/3左右时进行。新梢整个生长季节一般要进行2～3次摘心，使新梢叶片数控制在15～18片叶，这样可以满足果穗生长发育所需要的营养物质供应。将新梢上部在较大叶片处去除（图3-10），一般长度在10厘米以上，称为重摘心，也叫剪梢。通常情况下，重摘心更能加速摘心部位以下第一副梢生长，虽然剪去的新梢较多，但下部副梢生长更快，新梢整体生长速度加快。

图3-10　新梢摘心

在传统的管理中，结果枝第一次摘心通常在开花前几天内进行，或田间开始见到花开时及时进行重摘心。摘心的目的是控制新梢继续生长，利于营养物质向花序输送，促进坐果。摘心的位置还应考虑到品种的落花落果特性、摘心的时间等。对落花落果严重的品种（如巨峰、巨玫瑰等）摘心时，通常在开花前3～5天完成摘心工作；对落花特别严重的品种，有时必须进行重摘心才能达到理想的效果。

对生长势中庸、结果性能较好的品种，第二次摘心一般可在新梢上有15片叶左右时进行，根据不同品种、不同生长势灵活掌握。有时第二次摘心根据钢丝的位置，在利于绑缚的位置确定。在正常管理情况下，至新梢缓慢生长期时，新梢有15～20片叶，再发出的副梢均抹除，以促进新梢营养积累及枝条老化，对花芽分化有良好的促进作用。植株体内营养物质的积累，可显著提高植株冬季抗寒性。

对于结果新梢来说，8片叶摘心（图3-11）后有两个显著作用，一

图3-11　新梢8叶摘心

是可促进新梢上着生的花序发育，提高葡萄开花时的授粉受精能力；二是对摘心部位以下节位花芽分化有良好的促进作用，为第二年优质丰产打下良好基础。在实际生产过程中，通常在钢丝以上部位摘心，以利于摘心后新梢绑缚。对摘心部位以下的第一个副梢来说，重摘心往往比轻摘心的生长更快。

新梢生长旺盛时，第三次摘心一般在新梢15片叶左右时进行。此次摘心后，新梢仍继续生长。为控制生长，旺盛新梢第三次摘心后，以后每隔1～2片叶摘心1次，直至进入缓慢生长期。缓慢生长期后，再发出的新梢一律及时抹除；对于生长势中庸的新梢，第三次摘心可选择在进入缓慢生长期以后。无论哪种摘心方式，总体叶片数量以控制在15～20片为好，应根据品种特性、生长势等灵活掌握。

四、副梢处理

（一）副梢的概念和作用

副梢是葡萄植株的重要组成部分，如果管理及时、处理得当，会使叶幕层密度合理，可以增强树势，弥补主梢叶片不足，提高光合作用。对于有些品种，当预定产量不足时，可以利用副梢结二次果。副梢处理如果不及时，将会造成叶幕层过厚、架面郁闭、通风透光不良、树体营养消耗严重（图3-12），不利于花

图3-12　副梢处理不及时造成的郁闭

芽分化，并且降低果实的品质和产量。

对于因没有及时处理而已经长出多个叶片的副梢，生产上应根据田间具体情况进行处理，不可一次性的从根部抹除，那样做一是造成浪费，因为叶片已经长成，二是处理不当将会造成冬芽萌发。如果附近尚有空间，叶幕层尚未达到要求的厚度，可保留副梢的大叶片对其进行摘心，同时要一次性全部抹除其上的二次副梢。

（二）副梢处理的方法

结果枝摘心后，一般选留最上部1个副梢继续生长。葡萄开花前是葡萄植株营养生长旺盛期，摘心后一般不要一次性抹除全部多余的副梢，否则有刺激新梢上部冬芽萌发的危险。为防止冬芽萌发，对于一般品种而言，新梢上的副梢抹除可分两次进行，第一次先抹除下部副梢，4～5天后再抹除上部副梢，根据不同品种、不同生长势灵活掌握。对于冬芽容易萌发的品种（如美人指、克瑞森无核等），副梢的处理应十分慎重，可采用单叶绝后方法摘心（图3-13）。果实开始进入快速生长期后，营养生长开始放缓，上部的新梢生长速度开始下降，冬芽萌发的可能性也逐渐降低。

副梢在3～5厘米时去除较好（图3-14），可节省营养满足果实生长发育的需要，同时促进花芽良好分化。副梢过早去除时，可能会对幼嫩新梢产生伤害，去除过晚时，不但浪费大量营养，

图3-13　副梢单叶绝后摘心

图3-14　抹除副梢

同时较大副梢的突然去除，会带来树体的负面作用，这在葡萄生产上是常常遇到的，应引起重视、尽量避免发生。

五、花序管理

（一）花序疏除

根据不同品种、不同土壤条件，在确定产量的情况下，有计划地将花序控制在一定范围内，可以达到树体合理负载，促进优质生产的目的。疏除掉弱小、畸形、过密和位置不当的花序（图3-15），使有限的养分集中供应保留的优良花序，为优质丰产打下基础。

花序的疏除时间一般在开花前进行。树势强、容易落花落果的品种（如巨峰、巨玫瑰），应当有一定比例的预备花序，在落花后1周左右（即第二次生理落果后）进行，以确保果穗选留数量；对于结果性能好的品种，在能分辨出花序的部位及大小时就可以进行，以降低营养物质的消耗，原则上是越早越好；对于生长势较弱、不存在严重落花落果问题的品种（如红地球）应尽可能地早日疏除花序，以减少养分的损耗。

根据定产栽培的原则，花序的疏除是定穗前的一项工作，花序的选留数量应根据所留果穗的量和栽培目标而定。在单枝上的两个花序中，一般下部花序发育较好，将来果穗较大，如单枝保留1个时，一般疏除上部的花序（图3-16）。

图3-15　疏除发育不良的花序

图3-16　疏除上部花序

（二）花序拉长

果穗紧凑、果粒着生紧密的品种，如夏黑，时常因为果粒之间过于紧密使单个果实发育不良，甚至因为过于拥挤而使果实表皮破裂并诱发其他病害，生产上时常采取拉长果穗的方法加以纠正，果穗拉长后果粒着生疏松，果实个体发育良好。果穗拉长一般选择在花序分离期，即在果穗自然伸长之前进行，有的品种选择在开花前7天左右进行。葡萄果穗拉长目前一般多采用美国奇宝均匀浸蘸或喷施花序（图3-17），可拉长花序1/3左右（图3-18），减轻疏果用工。

图3-17　花穗拉长处理　　　图3-18　未拉长与拉长效果比较

（三）花序整形

花序整形一般与花序的疏除同时进行。无用花序疏除后，留下来的花序要进行整形，整形工作一般在开花前完成。

花序整形是为了使果穗能达到一定的形状，使果穗外观美丽，尽量达到大小、形状一致的目标，以提高果实商品性状、提高销售价格、创造优质品牌的目标。此外，为配合果实套袋，对穗轴较短的品种，适当去除果穗基部的分穗等，便于操作和减少果穗基部果实可能发生的日灼。

花序整形分以下几种：

1. **仅留穗尖式花序整形**　仅留穗尖式花序整形是无核化栽培的常用整形方式。花序整形的适宜时期为开花前一周至始花期。一般原则：巨峰、先峰、京亚、翠峰等巨峰系品种留穗尖3.5～4.5厘米，8～10段小穗，50～60个花蕾。二倍体和三倍体品种，如魏可、白罗莎里奥、夏黑等品种一般留穗尖5～6厘米（图3-19、图3-20）。留穗尖式花序整形可采用整穗器修整花序（图3-21）和捋穗法（图3-22），也可采用疏果剪去除（图3-23）。

图3-19　花序整形前

图3-20　留穗尖6厘米

图3-21　整穗器修整花序

图 3-22　花前三天至始花期可采用捋穗法

图 3-23　疏果剪修整花序

2. **巨峰系有核栽培花序整形**　巨峰系品种总体结实性较差，不进行花穗整理容易出现果穗不整齐现象。具体操作为见花前三天至见花后三天。去除副穗及以下 8 ～ 10 小穗，保留 15 ～ 20 段，并去除穗尖（图 3-24）。

3. **剪短过长分枝整穗法**　夏黑、巨玫瑰、阳光玫瑰等品种常用此法。见花前两天至见花第三天，花序肩部3～4条较长分枝掐除多余花蕾，留长1～1.5厘米的花蕾即可，把花序整成圆柱形（图3-25）。花序长短此时不用整理。有副穗的花序，花序展开后及时摘去副穗。

图3-24　巨峰系花序整理

图3-25　过长分枝花序整理

图3-26　红地球花序整理

4. **分枝型果穗品种（如红地球）的花序整形**　最尖端进行部分去除，因为这部分花序开花较晚，且将来果粒较小，影响整个果穗美观，一般去除花序总长的1/5～1/4（图3-26）。

（四）保花保果

有些品种如夏黑、巨峰等，落花落果严重，需要进行保果处理，无落花落果现象的品种不用进行此项操作。适宜的处理时期一般为开花末期至落花后3天内，处理过晚容易自然落果，不能达到提高坐果率的目的。

目前生产上使用的多为赤霉素，赤霉素使用浓度因品种而异，一般在5～50毫克/升。二倍体无核葡萄使用浓度一般在5～20毫克/升，如巨峰使用浓度一般为5～10毫克/升。三倍体夏黑使用浓度为25～50毫克/升，以微型喷雾器喷洒或蘸穗为主（图3-27）。如开花不整齐，需分批处理，分别于见花后第六天、第八天、第十天进行处理。药液中可混配异菌脲、乙蒜素、保倍等药剂防治灰霉病、穗轴褐枯病。

图3-27　保花保果处理

六、果穗管理

　　果穗整理工作一般应在晴天进行，不能在雨水天气进行，因为果穗整理时造成的伤口如不及时愈合会有感染病菌的风险。要使每个果粒得到充分生长发育，必须要保证每个果粒的营养供应充足，这就要保证每个果穗附近有一定的叶片数量，并且通过摘心、去副梢的方法确保叶片制造的营养物质能保证果实发育的需要。果粒之间也要保持一定空间利于自身果实发育，对果粒着生紧密的品种要进行果粒疏除，以避免相互挤压造成裂果或影响果实着色。

（一）疏果穗

幼果期进行疏果穗操作。首先将畸形果穗、带病果穗等失去商品价值的果穗进行疏除（图3-28）。其次是控制产量，根据销售目标，确定一个合理的产量，既能获得良好的经济收益，又能兼顾到长远发展的目标，每一个葡萄种植者都要根据自己果园的实际情况具体确定。通常生产精品果的葡萄园每亩*保留的果穗数不超过2 200穗，生产大众果的葡萄园不超过3 500穗，每棵树上5个新梢留4穗果。

图3-28　疏去多余或发育不良的果穗

（二）剪穗尖

就一个果穗来说，一般以中部果实发育较好，果穗尖端果粒一般较小。生产上一般去除上部的1～2个长度超过果穗总长1/2的副穗（花序整理时就应该去除）。若花序没有来得及整理时，果穗尖端部分由于果粒较小，一般去除果穗总长的1/5～1/4（图3-29）。

图3-29　剪穗尖

* 亩为非法定计量单位，1亩约为667米²。——编者注

（三）修整果穗及疏果粒

对于果实着生较为紧密的果穗（图3-30），可疏除一部分小分穗，具体可根据紧密程度而定。一般可每隔2个小分穗去除一个。就一个小分穗来说，小分穗尖端果粒相对较小，要适当疏除。根据确定的单穗留果目标，在小分穗数量已经确定的情况下，根据这一数量确定去除小分穗的长短及其所留果粒数量多少（图3-31）。

图3-30　疏果前　　　　　　　　　图3-31　疏果后

在进行上述整理后，留下来的果实如果还较为紧密，可以疏除单个果粒，以保持果粒之间的适当距离。此项工作通常较为费工，一般在高档果品生产时使用。疏除小果粒、病果粒等，使果穗单粒间发育达到大小一致，是果穗整理的重要内容。

（四）果实膨大

在果实的快速生长期，有些品种（如夏黑、阳光玫瑰等）使用赤霉素等生长调节剂对促进果粒增加有显著效果（图3-32），不同葡萄品种对生长调节剂的反应不同，有的品种生长调节剂处理后增大效果明显，而有的则不明显。因此，在使用浓度上会有很大差异。

图3-32 夏黑生长调节剂处理效果

赤霉素处理时，在二倍体无核上的使用浓度多为50～200毫克/升，在三倍体无核品种（如夏黑）上的使用浓度一般为25～75毫克/升，与第一次保果处理时间相隔10～15天。有核葡萄也是在生理落果后进行膨大处理，一般使用浓度为25毫克/升左右，目前在藤稔等品种上使用较多。巨峰系品种因种子一般为1～2粒，因此赤霉素处理效果较为显著，可以促进浆果膨大，但也容易发生脱粒、果柄增粗等不良现象，以优质生产为目标时尽量不使用。

（五）果实套袋

套袋后果实病害发生率可明显降低，果实外观质量明显提高，此外，由于果袋对果穗进行保护，可有效延长果实采收期，在疏果结束后应及时喷药和套袋保护（图3-33）。

图3-33 果实套袋

目前果袋常用的的型号有大、中、小3种型号，用户应根据果穗的大小和形状选择大小适宜的果袋（表3-1）。

表3-1 果袋选择

果袋型号	长×宽（厘米）	适用范围（果穗大小，厘米）
大	(38～40)×(28～30)	红地球、红宝石无核等(24～26)×(18～21)
中	(34～36)×(24～26)	阳光玫瑰、夏黑等(20～22)×(17～19)
小	(30～32)×(22～24)	巨峰、藤稔等(15～17)×(13～14)

以果袋质地分类，有纯木浆纸袋（图3-34）、无纺布袋、复合纸袋、塑料袋（图3-35），目前常用的葡萄果袋主要是纯木浆纸袋。

纯木浆纸袋的纸张韧性较好，纸浆中加有石蜡或袋的外面涂有石蜡，以防止雨水冲刷，防病效果显著。

图3-34　褐色、白色纯木浆纸袋

图3-35　其他类型果袋

阳光玫瑰专用果袋（图3-36），纯木浆纸袋的一种，成本较高，遮光率高，果实成熟后着色一致（图3-37），但成熟期较白色木浆纸袋推迟7天左右。

图3-36 阳光玫瑰专用果袋

图3-37 去袋效果

（六）套袋前药剂处理

套袋前5～6天全园灌1次透水，增加土壤湿度。套袋前1～2天全园喷施1次杀菌剂，防治灰霉病、白腐病、炭疽病、黑痘病等，淋洗式喷或浸蘸果穗，做到穗穗喷到，粒粒见药（图3-38）。喷药结束后即可开始套袋。

图3-38 要做到粒粒见药

（七）套袋方法

套袋前先将纸袋有扎丝（1捆100个袋）的一端浸入水中5～6厘米（图3-39），浸泡数秒钟，使上端纸袋湿润，不仅柔软，而且易将袋口扎紧。

图3-39　果袋口浸湿

套袋时两手的大拇指和食指将有扎丝的一端撑开，将果穗套入纸袋内（图3-40），再将袋上端纸集聚，并将扎丝拉向与袋口平行，顺时针或逆时针将金属丝转1圈扎紧（图3-41）。套袋效果见图3-42。

图3-40　将果穗套入纸袋内

图3-41　将袋上端纸集聚，扎丝转
　　　　1圈扎紧

图3-42 套袋效果

七、除卷须、摘老叶、剪嫩梢

卷须不仅消耗养分，而且影响葡萄绑蔓、副梢处理等作业，夏剪时随时去除（图3-43）。葡萄叶片的光合作用功能有一定的时间限制。一般来说，一张正常的叶片，从形成大叶片开始，正常的功能可维持110～130天，超过这个时间时，叶片光合作用急剧下降，甚至出现消耗大于积累的现象。因此，必须对老叶去除。老叶去除一般在果实进入成熟期，结合叶片老化程度进行。首次一般去除结果枝最下方的3张叶片左右（图3-44），随着时间推移，逐渐去除上部一定数量的叶片。北方地区8月中旬抽生的嫩梢，秋后不能成熟，应控制其延长生长，对结果树上的发育枝和结果枝，主枝延长梢一律进行掐尖。利于促进枝条成熟，减少树体内养分消耗。

图3-43　去除卷须

图3-44　去除下部老叶

葡萄冬季修剪，是葡萄整形的重要措施之一，是葡萄生产管理中一项极其重要的工作，冬季整形修剪是否按规范要求进行，对第二年的葡萄生产有重要影响。

对幼龄树进行整形，使其提早成形、果期丰产。对成年树修剪，使其保持丰产树形；控制与缓和植株的极性生长，在架面上合理配置生长枝与结果枝，避免枝蔓光秃和过度延伸，防止结果部位过快上移，保持架面合理利用，有效利用光能，为葡萄优质、稳产、打下基础；调节单位面积与单株的芽眼负载量、结果母枝数量和其长度，以达到在架面上均匀结果的目的；调节植株生长与结实之间的关系，地上部与地下部之间的关系，平衡树势，对衰弱枝蔓及时更新复壮，保持植株生长健壮，结果能力强，并延长植株寿命和结果年限。

一、冬季整形修剪的依据

（一）留枝量和留芽量的确定

现代葡萄生产要求定产、限产栽培，达到品质优、效益好的目的。根据生产目标、树体长势、品种特性、树形及管理水平等确定产量标准，有了产量标准，就可以确定单株留果穗的数量，这样可以通过修剪进行调节，以确定结果枝的数量。根据每个品种的单穗重及结果性状等可以计算出单株结果量。根据结果能力、空间大小等确定结果枝组及枝蔓的更新（图4-1）。通常亩产量为1 500千克左右的葡萄园，约需要留2 500个果穗、3 000个新梢、

1 500个结果母枝，架面上每米长的结果部位留6个左右结果母枝，每个结果母枝留2个饱满芽。

图4-1　确定留枝量和留芽量后的修剪

（二）结果母蔓的质量判断

超细枝条（图4-2）不可作结果母蔓。多数品种选择枝蔓充分成熟、充实、髓部小、无病虫害、径粗0.8～1.2厘米的枝蔓（图4-3）作结果母蔓，1.2厘米以上枝蔓（图4-4）易增加无核小果并加剧落果。

图4-2　超细枝条　　　图4-3　正常枝条　　　图4-4　超粗枝条

（三）结果习性

生长与结果是矛盾的统一，只有在有足够枝叶生长的基础上，才能够多结果、结好果。但是如果枝叶生长过旺，大量消耗营养，会造成树体内营养不足，就会限制花芽的形成。相反，如果枝叶生长衰弱，不能积累一定的营养，也不能形成高质量的花芽。修剪的目的，就是要调整生长与结果的矛盾，缓和旺树徒长，促进弱树长旺，使树体键壮，营养充足，促进幼树早结果，成年树多结果、结好果。

二、冬季整形修剪的时期

葡萄理想的冬季整形修剪时期一般在落叶后的1个月左右开始。根据葡萄生长发育的特征，葡萄枝条过早修剪或过晚修剪都会造成营养物质的流失。此外，过早修剪还会造成葡萄树体耐寒性降低，过晚修剪常在春季葡萄发芽前造成伤流而削弱树势，因此，葡萄修剪应选择适当的时期进行。一般认为，葡萄落叶后1个月左右至第二年春季发芽前1个半月左右是修剪的理想时期。

在埋土防寒地区，一般在埋土前修剪完毕。

三、冬季整形修剪的方法

（一）修剪的技法

1. 短截　短截（图4-5）是将当年生的枝条剪去一部分留下一部分的修剪方法。枝条所保留的长度决定着短截的轻重，通过短截使树体和根系上年积累的养分集中在留下来的芽眼中，以更好地促进下一年枝芽的生长发育。

图4-5　短　截

图4-6　极短梢修剪

图4-7　短梢修剪

在短截时，根据留芽量的多少又可以分为极短梢修剪、短梢修剪、中梢修剪、长梢和超长梢修剪。

（1）极短梢修剪　当年生枝条修剪后只保留1个芽的，称为极短梢修剪（图4-6）。极短梢修剪适应于结果性状良好的品种、花芽分化好的果园及架式。一般欧美杂种如京亚、巨峰等，花芽分化节位较低，如果管理规范、采用棚架或水平架时，花芽分化一般较为良好时，可考虑极短梢修剪。

（2）短梢修剪　当年生枝条修剪后只保留2～3个芽的，称为短梢修剪（图4-7）。适用于短梢修剪的品种如上述的欧美杂种以及其他结果性状较好的品种如维多利亚、绯红等，在管理较为规范、花芽分化较好的地块均可采取短梢修剪。

（3）中梢修剪　当年生枝条修剪后保留4～7个芽的，称为中梢修剪（图4-8）。适用于生长势中等、结果枝率较高、花芽着生部位较低的欧亚种，如维多利亚、红地球、红宝石无核等很多品种均适合中梢修剪。

（4）长梢和超长梢修剪　当年生枝条修剪后保留 8 ～ 11 个芽的称为长梢修剪（图4-9）。长梢修剪适用于生长势旺盛、结果枝率较低、花芽着生部位较高的欧亚种，如美人指、克瑞森无核等品种。

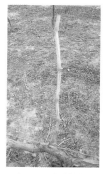

图4-8　中梢修剪　　　　　　　图4-9　长梢修剪

当年生枝条修剪后保留 12 个以上芽的称为超长梢修剪。大多数品种延长头的修剪多采用超长梢修剪。

2. 疏剪　疏剪是将整个枝蔓从基部彻底疏除的方法（图4-10）。通过疏剪可以疏除过密的枝条、生长发育不良的枝条、改善田间光照条件及营养分配，留下发育良好、生长健壮的枝条，使植株均衡生长，从而达到优质、丰产的目的。

图4-10　疏　剪

3. 缩剪　缩剪是把二年生以及二年以上生的枝蔓剪去一段的修剪方法（图4-11）。其作用主要是为了更新树势，防治结果部位的外移和扩大。

图4-11　缩　剪

（二）冬剪中枝蔓的更新

1. 结果母枝更新　对于多年生的成年树，枝组和主蔓连续结果几年后，基部逐渐加粗，剪口不断增多，水分和养分运输能力减弱，结果能力和产量下降，必须有计划地逐步更新，目的在于避免结果部位逐年外移和造成下部光秃，修剪方法有：

（1）单枝更新　单枝更新是只对一个结果母枝进行修剪（图4-12），修剪后，每年冬季只保留一个修剪后的枝条（图4-13），第二年春季从枝条上的芽萌发后，选留2个新梢，上面的一个主要用于结果，下面的一个作为预备枝使用。预备枝也可以留果穗，根据生长的具体情况而定。

第二年春季从其上面还是保持两个新梢，上面一个仍旧用于结果，下面一个用于第二年更新，这样反复进行，每年均是一样的情况，这种更新方式即为单枝更新。这里需要提说明的是，如

图4-12 单枝更新修剪前   图4-13 单枝更新修剪后

果采取V形架的单干双臂整形时，在葡萄植株定植后的当年，一般均可形成两条主蔓，第二年春季在主蔓上选留新梢时，如计划将来采取单枝更新方式，应考虑到每一个所留的新梢第二年有可能会变成两个，应根据不同品种的特性来决定新梢的间隔距离。一般来说，定植后的第二年春季主蔓上新梢萌发时，采取V形架单干双臂整形时，新梢向左右两个不同方向生长，单侧新梢应间隔一定的距离。新梢间隔距离应根据不同品种、不同栽培密度、不同栽培目的灵活掌握。

单枝更新的优点是更新方法简单、容易掌握，常用于花芽分化良好、结果性能较好的品种，而结果性状较差、花芽分化不良的品种常采用双枝更新。

（2）**双枝更新** 双枝更新是指两个结果母枝组成一个枝组（图4-14）。修剪时，上部的母枝长留，主要用作结果。结果后，于当年冬季修剪时去除。下部的母枝一般是一个当年结果，一个作营养枝。冬季修剪时一个短截，另一个相对长截（图4-15）。第二年春季在每个剪留的枝条上各保留2个健壮新梢，冬季修剪后，每年均保持一长一短，春季萌发后保持4个新梢，树体一直保持相对稳定的状态。

　　图4-14　双枝更新修剪前　　　　　　图4-15　双枝更新修剪后

　　双枝更新相对于单枝更新，结果新梢选留机会更多，更利于提高葡萄产量。双枝更新更多地用于结果性能较差、花芽分化不良的品种上。在采取单枝更新时，如果有时出现枝条间隔距离较大时，为了弥补空间，在较大空间的部位也常采取双枝更新的方式。双枝更新的每个枝组在生长季节产生4个新梢，因此在选留时应考虑品种特性、新梢密度等因素。

　　2．多年生枝蔓的更新

　　（1）**大更新**　凡是从基部除去主蔓的更新称为大更新（图4-16）。在大更新以前，必须积极培养从地表发出的萌蘖或从主蔓基部发出的新枝，使其成为新蔓，当新蔓足以代替老蔓时，即可将老蔓除去。

　　（2）**小更新**　对侧枝枝蔓的更新称为小更新（图4-17）。一般在肥水管理差的情况下，侧蔓4～6年需更新1次，通常采用回缩修剪的方法。

图4-16　多年生枝蔓的大更新

图4-17　多年生枝蔓的小更新

第五天

葡萄架式的选择和搭建

一、葡萄架式的选择

葡萄的枝蔓比较柔软，栽培时需要搭架。架式决定了葡萄枝蔓管理方式和叶幕结构类型，也是栽植葡萄时首先应考虑的问题之一。葡萄架式类型繁多，各有利弊。对于架式的选择应从实际出发，根据不同品种特性、地区气候环境特点、栽培管理水平等多项因素选择架式。

（一）必须适应当地的气候条件

选择的架式必须适应当地的气候条件，在单位面积内容纳最大量进行有效光合作用的叶片，同时降低病虫害和气候危害，有利于树体生长和果实发育，实现丰产、优质。

1. 多雨地区　此类地区生长期及果实成熟期易滋生病虫，抓好病虫害防治工作是多雨地区葡萄栽培成功的关键。建园时，须考虑选择有利病害综合防治的架式。采用枝叶果适当远离地面的高主干架型则更有利于改善葡萄园的风光条件，降低果园湿度，如带有避雨棚的高干"十"字形架、高干Y形架（图5-1）、南方高干T形架（图5-2）等。

2. 气候寒冷的北方地区　露地的葡萄冬季必须挖取大量的土用于防寒，并要防止根系不因大量取土而裸露受冻。可以采用倾斜式小棚架（图5-3）或"厂"字形架式（图5-4）。

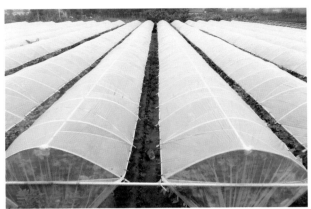

图 5-1 北方 Y 形简易避雨栽培

图 5-2 南方 T 形架连栋大棚

图 5-3 新疆倾斜式小棚架

图5-4 "厂"字形埋土栽培

（二）必须考虑栽培品种的生长特性

当栽培生长势强旺的品种或果穗硕大、果穗梗长而偏脆的品种（如美人指、克瑞森等）则宜选择棚架（图5-5）；对于生长势弱、成花容易的品种（如京亚、黑色甜菜等）可采用株距1.5米以下的双"十"字形架式（图5-6）；而对于那些生长势弱的酿酒品种（如雷司令、黑比诺等），采用棚架栽培很难获得早期丰产和高

图5-5 T形棚架栽培

图5-6 双"十"字形架式栽培

产，则宜用篱架栽培（图5-7）；对于生长势强、成花容易的品种
（如夏黑、阳光玫瑰等），采用棚架、V形架均可。

图5-7 篱架栽培

（三）必须考虑将要采用的栽培方式和管理水平

在选择架式的时候，还应考虑到果实栽培中的一些特殊要求。对于具有观光旅游功能的葡萄园（图5-8），为了增加园区的观赏性，可以设置部分棚架（图5-9），充分利用地面空间，又不影响葡萄产量。

图5-8　观光葡萄园

图5-9　葡萄长廊

管理水平及劳力情况也是选择架形时必须考虑的因素，劳力充足、管理精细的葡萄园可选择棚架中的小棚架、V形架（图5-10）等高产架形，这些架形都需严格控制新梢、副梢生长，夏季修剪较费工，而且管理稍有疏忽或劳力不济，架面极易郁闭（图5-11）。

图5-10　V形架规范栽培

图5-11　V形架管理不及时造成的郁闭

二、葡萄架材的搭建

（一）立杆

葡萄立杆应十分牢固，能承担起树体的重量。立杆的建造应考虑到能承担起可能的最大负荷，如狂风暴雨等。因此，要十分重视立杆的搭建效果。立杆的材料常用的有水泥杆和镀锌钢管。

1. **水泥杆** 在葡萄园建造中，目前我国多采用水泥立杆。在一行葡萄中，处于边缘的那根立杆，习惯上称为"边杆"，而处于中间的，称为"中杆"。由于受力大小有别，边杆和中杆通常采用不同规格。中杆的规格一般为10厘米×10厘米、8厘米×10厘米等；边杆受力较大，通常采用12厘米×12厘米、10厘米×12厘米等规格。为防止边杆受力后内缩，常用地锚外侧牵引或采用立杆从内侧支撑（图5-12）。常见边杆的埋设有直立埋设、倾斜埋设和双边杆三种类型。当边杆用地锚固定时，多采用外倾式埋设（图5-13）；当边杆用立杆内侧加固时，常采用直立式埋设。立杆一般每隔4～6米设置一个，地下部分埋入土中50～60厘米。在避雨栽培下，因受力力度加大，立杆设置的密度和掩埋的深度应适当增加。

图5-12 边杆直立埋设内侧支撑

图5-13 双边杆地锚牵引

水泥杆由钢筋骨架、沙、石子、水泥浆制成，为保证质量，一般采取较高标号水泥。由4根8号冷扎丝或直径为6毫米的钢筋为纵线，与6条腰线组成内骨架。常用规格见表5-1，依据表格，可根据立杆不同长度计算出各种材料的需要量。

表5-1　水泥杆制作所需材料表

规格 （长×宽×高/厘米）	钢筋 （千克）	水 （千克）	水泥 （千克）	沙 （千克）	碎石 （千克）
10×10×250	2.2	4.35	8.70	14.80	32.15
10×15×280	2.4	7.04	14.08	23.97	52.06
12×12×200	1.8	5.01	10.02	17.06	37.06

2.镀锌钢管　镀锌钢管的直径一般为4～5厘米，为防止生锈，一般采用热镀锌钢管。下端入土30～50厘米，采用沙、石、水泥作杆基，柱基直径15～20厘米，可保证稳固性。杆基坑可用机械开挖（图5-14）。机械开挖后，坑比较坚实，填入混凝土后，立杆稳固。

采取V形架时，根据设计的葡萄干高的高度，在钢管的对应部位留一小孔，以备穿最下方一道钢丝使用。每行树两端的立杆的粗度和掩埋深度应适当增加（图5-15），以加强其坚固性，埋杆时（图5-16）应用水平尺进行校对（图5-17），以保证所栽立杆竖直。

图5-14　打坑机挖坑立杆

图5-15 边杆的确立

图5-16 埋立杆

图5-17 水平尺校对

（二）牵丝

为避免生锈，葡萄园常使用热镀锌钢丝。在保证质量的情况下，尽可能使用较细的钢丝，可节约成本。可采用直径为1.6毫米左右的镀锌钢丝。在采取避雨栽培时，受力较大的、支撑棚膜等处的钢丝，直径可增加到2.0 ～ 2.2毫米。

为避免每行两端的立杆因钢丝牵引而内倾，一定要把边杆与地锚固定牢固，防止因松动在将来出现内倾现象。为减轻两端立杆承受的拉力（图5-18），行中间的一部分立杆也可进行固定。

图5-18　减轻两端立杆承受的拉力

（三）地锚

地锚在每行葡萄两端起固定与牵引作用。一般以水泥、沙石、钢丝制成的长方体，规格可根据定植行长度、受力的大小灵活掌握，一般长宽各0.4 ～ 0.5米，厚度为10 ～ 15厘米（图5-19）。

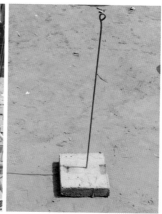

图5-19　地锚的制作

　　地锚起着固定立杆的作用，一定要掩埋坚固。其掩埋深度根据受力大小决定。在避雨栽培条件下的地锚深度一般在0.8米以下。不避雨栽培时，地锚可适当浅些。地锚掩埋后，要踏实灌水（图5-20）。

图5-20　地锚的固定

　　地锚牵引线倾斜的角度决定着拉力的大小。每定植行两端的地锚，尽可能埋入定植方之间的道路上，地锚线可从道路立杆的地表面上方穿过（图5-21）。

图5-21　地锚掩埋的位置

几种常见树形的培养技巧

　　葡萄为藤本植物，在生产中，为了获得一定的产量和优质果实以及栽培管理的便利，必须使葡萄生长在一定的支撑物上，并具有一定的树形，而且必须进行修剪以保持树形、调节生长和结果的关系。在栽培上树形常依支架的形状而异。整形要根据品种的生物学特性，采用不同的整形方法，尽量利用和发挥品种的特性，以求达到丰产、稳产、优质的目的。如生长势极旺的品种，应用棚架整形，而生长势弱的品种则以篱架整形为宜。此外，还要根据气候、土壤、栽培密度、肥水管理条件等确定合理整形方式。整形不仅可以调节植株生殖生长和营养生长的矛盾，还有助于地下部根系和树冠的平衡关系，同时，可以改善架面通风透光条件，提高叶片光合作用效力。整形对控制植株旺长、提早结果、防止早衰、复壮更新、延长结果年限、合理负载量、提高果实品质，均起到重要作用。

　　我国葡萄栽培历史悠久，地域辽阔，在葡萄生产中积累了丰富的栽培树形，并因品种、地理位置、气候条件的不同而异。因此，选择树形应根据品种特性、当地的气候特点以及便于日常管理等要求来确定。

一、V形架

（一）架式结构

　　常见的V形架有两横梁结构和三角形结构两种类型。相邻两根立杆间的距离一般4～6米，立杆埋入地下50～60厘米。在露

地栽培条件下，立杆的地上部分一般高出地面1.8 ～ 2米。采用V形架时，葡萄的干高可根据品种特性、肥水条件、栽培目标等而定。常见的干高为80 ～ 100厘米。为控制树势、方便采摘观光，可适当提高干高。目前在浙江等南方省份被广泛采用的V形水平架，干高保持在1.5米以上。

两横梁结构的V形架（图6-1），下面的横梁较短，上面的横梁较长，钢丝从每根横梁的端点固定，一般距离端点5厘米左右。采取V形架时，葡萄的干高一般设计为80 ～ 100厘米。在与葡萄干高对应部位的立杆上有一穿钢丝的小孔，钢丝从小孔经过，以固定主蔓。钢丝间的距离根据不同情况而定，在立杆上穿入的最下方的那道钢丝距离下方较短的横梁一般30 ～ 40厘米，两横梁间的距离一般在40厘米左右。每根横梁的长度、高度应根据行距、葡萄品种特性、田间操作人员的高度、机械作业程度等综合考量。

图6-1　双十字V形架

从葡萄植株来说，新梢生长角度越倾斜时，生长势越缓和。因此，适当延长横梁，尤其是生长势较为旺盛的品种更应适当延长，这样更利于花芽分化。但在有些时候，上部横梁较短时，更利于操作人员田间作业。应根据具体情况灵活运用。

三角形结构（图6-2、图6-3）也是目前生产上常用的结构。随着钢架结构在葡萄园建设中的运用，采用三角形结构更利于焊接，使用也较为普遍。三角形结构立杆上定干高度处有1个小孔，斜杆上一般有2个小孔，钢丝从小孔中纵向穿过。斜杆下面的那个小孔距离斜杆下端点一般40厘米左右，而斜杆上面的上下两孔间的距离一般为50厘米左右，可根据品种特性、肥水条件、栽培目标等适当延长或缩短。

图6-2　三角形结构V形架　　　　图6-3　三角形结构V形架（冬天状）

依照这样的设计，斜杆上最上面一道钢丝距离最下方由立杆穿过的那道钢丝的距离为90厘米左右。如果新梢长度为120厘米，新梢将高于最上面钢丝30厘米。由于新梢具有一定坚固性，高出上方钢丝一定范围内时而不至于下垂。采取避雨栽培时，为增加坚固性，行间横梁可相互连接。

（二）适用范围

此架式在我国目前使用较为广泛，适合绝大多数品种使用。其优点是形成明显的通风带、结果带和营养带。由于果穗下垂，果穗喷药、果穗整形、果穗套袋等的操作较为方便，且果实着色均匀；新梢斜向生长，树势减缓，有利于花芽分化，随着新梢角度开张，花芽分化效果会逐渐改善；果穗生长在叶片下面，光照被叶片遮挡，可有效减轻果实日灼病的发生。根据不同的需要，可灵活调节干高、新梢角度、行距大小。对于生长势旺盛、花芽分化不良的品种及肥水条件较好的地块，可适当增加干高，使新梢生长势缓和。

（三）配套树形

1. 单干双臂整形

（1）选定主干　葡萄苗栽上后，当最旺盛的新梢长至10厘米以上时，开始选定主干。为保险起见，起初先保留两个最为旺盛的新梢，其余全部抹除（图6-4）。

图6-4　保留两个旺盛新梢

当能辨别出哪个将来会生长得更好时，把生长势较强的那个作为主干培养，而另一个副梢要在半大叶片处摘心（图6-5），作为辅养枝以促进根系生长。

图6-5 选定主干

对辅养枝上再发出的副梢应及时全部抹除，限制其进一步生长。嫁接苗要及时去除砧木上的萌蘖（图6-6），以促进上部快速生长。当苗木成活后，嫁接口处的薄膜也要及时去除（图6-7），防止对嫁接口产生伤害。

图6-6 去除萌蘖

图6-7 去除嫁接口处的薄膜

定干工作完成后，幼苗生长逐步加速。葡萄主干上7～8节后开始出现卷须（图6-8），卷须的产生会消耗大量营养，要及时去除（图6-9）。在葡萄主干几乎每节都会产生副梢，一般在3～5厘米长度时去除。过早去除也容易对新梢产生伤害。

图6-8　卷须生长状

图6-9　去除卷须

（2）摘心定干　采取单干双臂整形时，主干摘心要在钢丝以下部位进行（图6-10），保证将来两主蔓处于铁丝以下。在新梢的顶端（即生长点部位）节间相对较短，仍处于拉长阶段，摘心时应加以考虑。上部茎尖部位继续拉长的节间，促使两主蔓继续上移（图6-11），

图6-10　在第一道钢丝
　　　　下方摘心

图6-11　摘心后形成的两条主蔓

应防止两主蔓基部将来生长在钢丝以上部位。为保险起见，通常对新梢摘去10厘米以上，这样两主蔓生长速度会更快，且不会产生两主蔓继续上移的现象。

定植当年应根据不同品种特性、不同肥水条件进行有区分性的精细管理，最终目标是促使主蔓达到合适的粗度，既不过粗也不过细。

（3）**主蔓管理** 树体当年管理的主要目标是形成两条健壮的、花芽分化良好、径粗在0.8～1.2厘米的主蔓，第二年有一定的产量。具体来说，主蔓应反复摘心。主蔓摘心后，芽眼发育相对饱满（图6-12），枝条发育充实。主蔓摘心后，摘心部位以下几节的芽眼花芽分化明显，对第二年产量、优质精品果的形成有明显促进作用。

图6-12 主蔓摘心后，芽眼发育饱满

两主蔓摘心应在主蔓向上自然生长时进行，第一次摘心可在8片叶左右进行，视品种及生长势而定。主蔓摘心时，应防止摘心部位以下冬芽萌发。对两主蔓上的副梢，一般保留一片叶绝后摘心（图6-13）。所谓单叶绝后摘心，即摘心时副梢保留1片叶，去除副梢的生长点，摘心后的副梢再不会继续生长。

图6-13 单叶绝后摘心

定植当年常遇到的问题是当年不能形成具有一定粗度的两条主蔓，耽误一年的时间。有的是主蔓超粗，也会影响第二年结果。这些现象应引起高度注意，并在生产中根据具体情况及时调整。当生长过分旺盛时，应控制肥水供应、增加主蔓数量避免超粗。当生长势较弱时，应增加水肥供应，促进主蔓生长以形成合理的粗度。

主蔓的第二次摘心一般可在第一次摘心后上部保留5片叶左右进行。第三次摘心时，上部可保留3片叶左右，也可在生长进入缓慢期时进行，我国中部地区这一时期一般在立秋后10天左右。在主蔓较健壮的情况下，通过这3次摘心，主蔓直径当年基本可达到0.8～1.2厘米，这是第二年获得丰产优质的关键步骤。进入缓慢生长期后，控制树体继续生长，再发出的副梢基本全部抹除。

（4）定植当年冬季修剪 单干双臂整形的冬季修剪，一要考虑定植的株距，二要考虑枝条的粗度。在夏季进行8片叶摘心时，当枝条达到要求的粗度时，冬季修剪一般可在摘心部位，即保留7个芽左右，根据枝条粗细程度可适当增减。对生长势强、结果性能较差的品种，可适当长放。剪口位置径粗一般不低于0.8厘米，低于这样的粗度时，下年萌发的新梢结果能力较差。在实际操作中，应结合主蔓粗度、栽植的株距等适当调整长度。因每个主蔓第二年形成新梢的能力有限，即使主蔓保留较长，以后形成的新梢数量也不会显著增加，且树体会逐年向外扩展，给今后管理带来一定困难。修剪时（图6-14）及时绑缚，主蔓应保持水平方向（图6-15）。如果主蔓弯曲放置，春季发芽时，处于位置较高处的芽生长迅速，容易造成新梢生长不一致的现象。

图6-14　修剪前

图6-15　修剪后

对于树势强壮的品种，主蔓生长量较大、下部生长超粗时，也可将主蔓进行反向弯曲绑缚（图6-16），使架面上主蔓粗度保持在0.8～1.2厘米，以避免树体中部出现空当、缓和生长势，以促进坐果。主蔓弯曲后，春季会促进弯曲部位芽眼萌发。

当两条主蔓较细（图6-17），基部也没有达到合理粗度时，冬季修剪时可从主干修剪（图6-18）。

图6-16　下部超粗主蔓修剪后

73

图6-17　两主蔓较细的植株　　　　图6-18　修剪后的植株
　　　　修剪前

（5）定植后第二年整形　新梢选留数量确定：在定植当年单株形成两条发育良好的主蔓的前提下，第二年春季葡萄发芽后，要对其进行新梢数量的确定。在现代优质精品化栽培的条件下，V形架单侧新梢间的距离一般保持在15～20厘米（图6-19）。

图6-19　定植后第二年夏季生长状

在采取两主蔓整形时，定植后第二年春季应去除过弱和过旺的新梢，而保留下来的新梢一般不能达到上述要求的密度。因此，对于多数品种而言，定植后第二年新梢间距离偏大，尚不能进入丰产期。定梢时，要考虑树体生长势，树势较旺的树，可适当多保留新梢，以缓和树势，促进花芽分化。生长势弱的树，可适当减少新梢选留数量。在新梢数量不减少时，也可通过加强肥水管理，促进树体健壮生长。新梢在主蔓上要尽量均匀、合理分布，这样利于树体均衡生长，便于今后管理，定植后的第三年会顺利进入丰产期。

定植后第二年冬季修剪时（图6-20），注意选留合适粗度的枝条，对于过粗过细的枝条尽量去除（图6-21），以保证第三年年结出优质果实。以优质精品化栽培为生产目标时，第三年可考虑采取双枝更新的方式。

图6-20 定植后第二年植株修剪前

图6-21 定植后第二年植株修剪后

图6-22　单干单臂生长状

图6-23　单干单臂冬季修剪后

2.单干单臂培育　定植萌芽后，选2个健壮新梢，作为主干培养，新梢不摘心。当2个新梢长到50厘米后，只保留一个健壮新梢继续培养（图6-22），当新梢长过第一道铁丝后，继续保持新梢直立生长，其上萌发的副梢，第一道铁丝20厘米以下的副梢全部采用"单叶绝后"处理。第一道铁丝以上萌发的副梢，全部保留，这些副梢只引绑不摘心，其上萌发的二次副梢全部"单叶绝后"处理，当第一道铁丝上的蔓长达到臂长后摘心，摘心后萌发的副梢只保留顶端的副梢，其他全部疏除。

冬季修剪时如果夏季摘心处的蔓粗达到0.8厘米，则在摘心处剪截，如果达不到则在蔓粗0.8厘米处剪截（图6-23）。采用单枝更新则每隔10～15厘米保留一个粗度0.7厘米以上的枝条，留2～3个饱满芽短截。

3.倾斜式单干树形的培养　该树形与单干单臂树形的培养极为相似，区别在于，栽苗时所有苗木均采用顺行向倾斜20°～30°定植，选留的新梢也按照与苗木定植时相同的角度和方向培养（图6-24）。当到达第一道铁丝时，不摘心，继续沿铁丝向前培养，以后的培养方法与单干单臂完全相同。这种树形主要用在北方埋土防寒地区，上下架方便。

图6-24　倾斜式单干树形

二、棚架

　　在立柱上设横杆和铅丝，架面与地面平行或略倾斜，葡萄枝蔓均匀绑缚于架面上形成棚面，主要架形有倾斜式、屋脊式、连叠式和水平式。倾斜式棚架，架基部低、端部高形成倾斜式架面；屋脊式棚架实际可以看成2行倾斜式小棚架，从基部端部对爬，两行端部共用1根立杆；连叠式则可看成是倾斜式小棚架的多行连接，前一行的基部与后二行的端部共用1根立杆，前后立杆高度都一样，横杆以倾斜状连叠相接；水平式棚架基部与端部立杆高度一样，一般为2～2.2米，棚面上用铅丝纵横连接，若整个葡萄园区的棚面连成一片，可形成大型水平连棚架。棚架整形方式大致相同，以倾斜式小棚架、水平棚架为例进行介绍。

（一）倾斜式小棚架

1.架式结构 采取倾斜式小棚架进行龙干形整形时，葡萄定植行距一般为4～5米，棚面为斜平面，棚的高度与棚面的倾斜度应根据品种及便于种植者田间操作而决定。如果所栽植的品种生长势较强时，棚面的倾斜度可小一些，棚面可水平一些，以控制长势；如果栽植的品种生长势较弱时，棚面的倾斜度可适当大一些，以促进枝条生长。一般来说，棚面的最低处为1.2米以上，最高处可为2～2.2米，应结合葡萄种植者的身高而定，以便于田间操作。横向钢丝间距一般为0.5米（图6-25）。

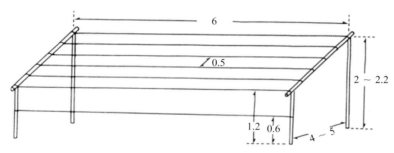

图6-25　小棚架基本架式结构（单位：米）

2.适用范围 倾斜式小棚架光照利用率较高，可充分利用空间，使太阳光能利用较为充分，适用于高产栽培；配套树形倾斜生长，适用于埋土防寒地区冬季树体埋土；行距较大、树下空间开阔，适用于机械化作业。新梢在相对平面上生长，生长势得到很大缓和，利于葡萄花芽分化，对于生长势旺盛的品种及花芽分化存在问题的品种显得尤为重要。树体结构相对简单，整形修剪相对容易。架面较高，通风透光良好，可减轻病虫害的发生。

倾斜式小棚架的缺点是：行距较大，整形时间较长，进入盛果期时间较晚；结果部位容易前移，树势不易控制；透光性较差，在我国中部及中南部地区，影响果实外观品质。

3. 龙干形整形 龙干形整形多见于我国西北部及北部地区采用（图6-26）。在单行避雨栽培时，一般不适宜。

图6-26 新疆倾斜式小棚架

采取龙干形整形时，一般东西行向栽植，主蔓由南向北爬行，以利于叶片光合作用。坡面角度可根据不同品种的生长势、操作人员的身高等而定。主干（或主蔓）从立架面至棚面直线延伸，主蔓间在棚面上间隔距离一致，呈现平行排列，形似"龙干"。在培养龙干时，为了防寒时埋土和出土方便，要注意龙干从地面引出时应有一定的倾斜度，特别是在基部30厘米以下部分的龙干与地面的夹角应在20°以下，以减少龙干基部折断的危险。龙干基部的倾斜方向应与埋土方向一致。

采取龙干形整形，龙干间的距离通常在0.6～1米。因此，采取独龙干时，株距一般0.6～1米；采取双龙干时，株距应为1.2～2米。

定植当年，新梢生长至10厘米左右时，选留2个健壮的新梢，其余新梢抹除。当旺盛的那个新梢生长至20厘米左右时，保留其作为龙干向上生长，而对另一个新梢摘心处理，限制其继续生长，而作为抚养枝促进根系生长。

棚面最低高度以下副梢，全部单叶绝后处理，以上副梢每隔10～15厘米保留1个，这些副梢交替引绑到龙干两侧生长，充分利用空间，对于副梢上萌发的二级副梢全部进行单叶绝后处理。以后均采用此方法培养，任龙干向前生长。冬季在龙干粗度为0.8厘米的成熟老化处剪截，龙干上着生的枝条则保留2个饱满芽进行剪截，作为第二年的结果母枝。

（二）水平棚架

1. 架式结构 水平棚架是在田间操作人员头上方一定高度形成一个水平的棚面，葡萄主蔓及主蔓上发出的新梢均沿着此棚面水平方向延伸，形成一个平面棚形。

2. 适用范围 采取水平棚架时，主蔓新梢均水平方向生长，因此葡萄生长势得到有效控制。生长势旺盛的品种、肥水充足的地块以及生长期较长的南方地区更为适用。在现代葡萄栽培中，水平棚架提高了葡萄的树干高度，人可以在田间前后左右任意穿行，可作为采摘观光园的理想架式。

3. 配套树形

（1）H形整形 H形整形的优点是种植密度较稀，空间较大，适合采摘观光等。缺点是进入丰产期较晚。H形整形常见株行距通常为（4～6）米×（4～6）米（图6-27）。

图6-27 南方H形树形

H形整形时，选留一健壮新梢任其生长，其上副梢均采取"单叶绝后"摘心方式，促进树干增粗。幼苗生长至水平棚架架面高度时重摘心，去除上部10厘米左右，保留上部两个副梢继续生长，其余副梢抹除。

　　摘心后，摘心部位以下的两副梢向两侧延伸，当生长到一定长度时摘心（图6-28）。对其上着生的二级副梢均采用"单叶绝后"摘心。在一般肥水条件下，定植当年可形成两条健壮的主蔓。冬季修剪时，各保留一定长度修剪，一般不超过1.5米。在夏季管理中，当两条副梢长度达到15～18节时，对其摘心（图6-29）。摘心后，保留摘心部位以下发出的两个二级副梢生长，其余隔3～5天后抹除。

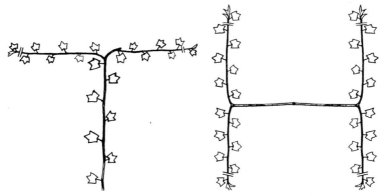

图6-28　对两条主蔓摘心　　　　　　图6-29　H形树形的形成

　　在肥水条件较好、采取嫁接苗栽培以及生长量较大的南方地区，在管理精细的情况下，定植当年也可形成完整的H形骨架（图6-30）。冬季修剪时，根据株行距、径粗等确定修剪的部位。以结果为主要目的时，修剪时要考虑剪口径粗。以整形为主要目的时，修剪时主要考虑剪留的长度，在径粗较细时，可通过增加肥水供应促进生长。

图6-30　冬季修剪后的H形树形

　　H形整形一般在定植后第三年即可进入丰产期，在肥水充足、管理精细时，第二年也可丰产。

　　（2）T形整形　所谓T形，即摘心后形成的两条水平生长的主蔓与主干形成T形（图6-31、图6-32）。采取T形整形时，葡萄定植的株距一般为2～2.5米，行距一般为4米左右。幼树的管理与H形整形前期相同。葡萄沿南北行向种植，两主蔓向行间延伸，也可根据不同栽培方式变换方向。相对于H形整形，T形整形可更早地进入丰产期。

图6-31　T形树形结果状

图6-32 冬剪后的T形树形

三、V形水平架

（一）架式结构

V形水平架是在V形架、水平棚架的基础上发展创新而来，其集中了二者的优点，适用于长势较强的品种。

V形水平架（图6-33）相当于将干高提高到1.6米的V形架，

图6-33 V形水平架

架面上每侧有3条钢丝，分别沿葡萄种植行方向牵引，距离立杆的距离分别为20厘米、60厘米、100厘米。葡萄新梢沿与钢丝垂直的方向绑缚在架面上。

（二）适用范围

V形水平架集中了V形架及水平架的优点，尤其适用于生长势较为旺盛的品种，适用于葡萄生长期较长、生长量较大的南方地区。针对生长势中庸的品种及葡萄生长期相对较短的中部及中北部地区，在新梢进入水平生长阶段时，应加强水肥供应，促进树体生长，以避免出现生长势衰弱的现象。

V形水平架保留了V形叶幕，两条结果带高度一致，适合规范化栽培；提高结果部位，水平叶幕，通风透光良好，减轻病害，并且方便进行果穗处理；由于有叶幕遮阴，减少了日灼现象，并且果实成熟期一致，没有阴阳面；缓和了树势，有利于坐果。

（三）配套树形

V形水平架适用于上述V形架整形的多数整形方式。相对于V形架，V形水平架增加了树干的高度，生长后期新梢沿水平方向生长。配套树体整形请参考V形架整形方式而定。

葡萄园老树更新是葡萄生产上经常遇到的问题，主要发生在品种混杂或品种选择失误的葡萄园。在进行葡萄更新时首先要对葡萄园病毒病的发生情况进行普查，如果全园病毒病发生严重，最好毁园重建。如果病毒病发生较轻则应剔除病株后再进行更新。具体的更新方式有间栽间伐更新和嫁接更新。

一、间栽间伐更新

对于植株衰老的葡萄园，可通过在行间定植新树，进行重点管理，随着新树的生长逐渐间伐老树，从而实现葡萄园更新。但种植多年的葡萄园存在土壤肥力下降、营养元素偏耗的问题。在间栽时一定要对土壤进行彻底的改良。但间栽间伐更新是在行间重新定植栽苗，会造成行间距离减小，故原先搭建的葡萄架材不推荐使用。

二、嫁接更新

葡萄的嫁接一般有硬枝劈接和绿枝劈接两种方法。

（一）硬枝劈接

1.嫁接时间　硬枝劈接的时间一般是在春季时树体伤流的前后进行较好，并且宜晚不宜早。嫁接的时间过早，不利于接口愈合。

2.接穗处理　挑选发育充实、冬芽饱满不霉烂的贮藏枝条，

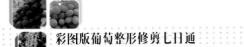

剪短后，下端放清水里浸泡10～15小时，使其充分吸水备用。

3.**砧木处理**　嫁接前一周内浇1次透水，促进根系吸收，以利于砧木和接穗产生新的愈伤组织，促进砧穗愈合。选择要更新的葡萄植株（图7-1），去除砧木下部萌蘖（图7-2），在砧木上选择光滑、平直的部位，距地面15厘米左右截断（图7-3），而后用利刀削平断面，并剥去附近的老翘皮。

图7-1　需要更新的葡萄植株

图7-2　去除下部萌蘖

图7-3　距地面15厘米截断

4.嫁接方法　采用劈接法。在砧木断面的中间劈一垂直的劈口（图7-4）。接穗剪长12～15厘米，1～2个芽为一段。接穗的上端剪口离芽眼5厘米，下端两侧各削3～4厘米的削面，外面稍厚，里面稍薄，呈楔形（图7-5）。削好后，厚面在外，薄面在内，将接穗插入劈口（图7-6），并使形成层对齐，粗蔓一个劈口可接两个接穗，接后用薄膜条绑严，绑紧嫁接口（图7-7）。

图7-4　砧木从中间劈开

图7-5　接穗两面削成楔形

图7-6　削好的接穗插入砧木

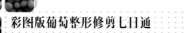

图7-7　用薄膜条绑严，绑紧嫁接口

5.接后管理　接芽1周左右萌发（图7-8），要开小孔透气。待新梢长到3～5厘米时，即可开通放风，等到新梢加粗生长的时候，就要把缠绕在接口处的塑料膜去掉，否则，塑料膜就会影响接穗的增粗和嫁接苗的生长。嫁接之后，砧木上萌蘖长得非常快，要及时抹除。其后对新梢摘心，促分枝，引绑整形，防治病虫害等。

图7-8　嫁接后发芽状

（二）绿枝嫁接

绿枝嫁接，又称嫩枝嫁接，是更新葡萄良种又一行之有效的方法，简单易行，可嫁接期长，接穗来源广泛，成活率高。

绿枝嫁接采用的接穗，是正在生长的当年生优良品种新蔓，取其上部幼嫩或未木质化部分（也可用副梢），以夏芽明显已膨大的为最好，一芽一穗，接穗芽的上端留1.5厘米，下端留3～5厘米。嫁接时，用刀在接穗芽下两侧1厘米处各下削3～4厘米的削面，呈楔形。最好随采随接，提前采穗时，时间不应过久，要特别注意防止失水。

1.**大树平茬** 一般在晚秋或早春将树体平茬，促生根蘖，选2～3个根蘖培养作砧木（图7-9），其余清除。当萌条长至6～7片叶时即可进行嫁接。

图7-9 大树平茬后选留两根根蘖

2.**嫁接时间** 绿枝嫁接的最适宜温度为15～20℃，此时为开花前半月至花期，葡萄正处于新梢第一次生长高峰期，砧木和接穗均达半木质化，在北方嫁接时期为5月中下旬至6月下旬，个别地区可推迟至7月上旬。

3.**接穗准备** 选择品种纯正、无病虫害的植株，新梢上叶片

还未长成，粗度0.4～0.6厘米（图7-10），剪取的接穗立即去掉叶片，留1～5厘米长的一段叶柄，然后用湿布包好备用，或下端浸入清水里保存（图7-11），接穗应根据每天的嫁接量随采随用，尽量不积压接穗。

图7-10　剪取接穗　　　　图7-11　去除叶片后存于水中

4. **嫁接方法**　先将砧木靠地表约30厘米处剪断，剪口距芽不超过5厘米，挖去下部芽眼，保留叶片。然后将砧木劈开，劈口长2.5～3厘米。接穗的削法与一般劈接法相同，要剪去叶片，保留叶柄。把削好的接穗（图7-12）轻轻插入砧木劈口中（图7-13），形成层对齐，再用宽1厘米、长30厘米的塑料薄膜条由砧木劈口下端1厘米处往上缠绕，包裹住上端剪口后，再反转向下缠绕，除了芽和叶柄外露，其他部分全部缠绕严密（图7-14）。

5. **嫁接注意事项**　由于绿枝嫁接是在生长季用新鲜材料进行的嫁接，同硬枝嫁接有所不同。嫁接时注意以下几点：

①嫁接时刀要快，手要准。这样不致破坏正在生长的组织，有利于愈合。

图7-12 将接穗削成楔形

图7-13 插入砧木中

图7-14 用塑料薄膜缠绕严密

②嫁接后如遇干旱，应适当灌水，有利于成活。

③接芽在愈合过程中，砧木上仍有芽萌发，应及时抹去。

在正常气候条件下，接后10天左右，接芽即开始萌发，至秋季能长出2米左右，翌年即有一定的产量，绿枝嫁接的成活率可达90%以上。

（三）小结

硬枝劈接的时间早，新梢生长时间长，生长越旺盛，成形越快，当年很容易布满架面。因此，在果园改造中，通常采用硬枝嫁接。但它的成活率低于绿枝嫁接，而且用工多，要多次除萌蘖，还要注意防治病虫害，否则，枝条容易受害枯死。绿枝嫁接成活率高、省工、可嫁接期长，但其生长势弱。两种方法相结合，相互补充，可以当年完成整个园子所有树的改接换种，保证第二年的整体产量。

图书在版编目（CIP）数据

彩图版葡萄整形修剪七日通 / 魏志峰，刘崇怀主编
. —北京：中国农业出版社，2019.9（2020.12重印）
（彩图版果树整形修剪七日通丛书）
ISBN 978-7-109-25650-7

Ⅰ．①彩…　Ⅱ.①魏…　②刘…　Ⅲ.①葡萄-修剪-
图解　Ⅳ．①S663.105-64

中国版本图书馆CIP数据核字(2019)第127386号

中国农业出版社出版
地址：北京市朝阳区麦子店街18号楼
邮编：100125
责任编辑：黄　宇
版式设计：杜　然　责任校对：赵　硕
印刷：中农印务有限公司
版次：2019年9月第1版
印次：2020年12月北京第3次印刷
发行：新华书店北京发行所
开本：880mm×1230mm　1/32
印张：3.25
字数：90千字
定价：25.00元
